JN219239

南極の
サバイバル

（生き残り作戦）

この本は2010年1月に発行した『南極のサバイバル』を改訂したものです。

?! 科学漫画 サバイバルシリーズ

南極の
サバイバル

原案：洪在徹／絵：もとじろう

監修：国立極地研究所

『南極のサバイバル』は2010年1月に発売されました。

マイナス89.2℃を記録するほどの厳しい寒さ、体にしみる鋭いブリザード、一歩先すら見えなくなるホワイトアウト、距離感がわからなくなる蜃気楼、そして突如出現する落とし穴であるクレバス――。

世界でもっとも過酷な大地で繰り広げられるサバイバルは、多くの子どもたちに愛され、版を重ねることができました。

この本は、『南極のサバイバル』の改訂版です。

日本の南極観測は、オゾンホールの発見をはじめとして、世界的に大きな成果を挙げていますが、2010年版ではあまり紹介していませんでした。そこで、この改訂版では、日本の極地研究の中心的組織である国立極地研究所の協力のもと、日本の南極基地や、観測隊の仕事についての情報を多く紹介しています。また、南極の自然についてもよりリアルに詳細に描き、サバイバル要素も満載です。

南極観測にはいろいろな目的がありますが、とくに重要なのは、地球環境の過去や現在について知り、地球の未来を予測するために役立てるというものです。

各国の観測隊員のほかに人が住んでいない南極は、人間による環

境汚染がもっとも少ない地域です。そこでは、わずかな環境汚染の影響がすぐに現れます。南極は地球環境の状態を測るバロメーターなのです。環境問題が深刻化するなか、南極を観測する意義はますます高まっています。

　ダイヤ、マーレ、キュリの3人は、巨大地震で活躍したご褒美として、南極観測ツアーに招待されます。日本の観測基地である昭和基地でおいしいごはんをごちそうになったり、観測隊の役割について教えてもらったりと、楽しい時間を過ごしていました。ところが思わぬ事故に遭い、たった3人で南極大陸をさまようことになります。過酷な環境を、ダイヤたちはサバイバルできるのでしょうか？「もし自分だったら？」と想像しながら、ストーリーを楽しんでみてください。

洪在徹

ダイヤ

この物語の主人公。サバイバルの天才。
前回、『巨大地震のサバイバル』で多くの
人々を救った活躍のご褒美として、
弟のキュリと同級生のマーレとともに、
南極観測ツアーに招待された。
寒さへの対策はばっちり（？）だったが、
予測できない事故によって遭難してしまう。
明るく前向きな性格と思考力、
抜群の行動力で、南極でもサバイバルしていく。

サバイバルの武器
どんな状況でもあきらめない強い心。

マーレ

ダイヤの同級生。良きライバルで頼もしい仲間。
ダイヤと同じく南極の寒さへの対策は
ばっちり（？）で、遭難した後の、
極寒のキャンプ生活では、手先の器用さを発揮して、
食事担当として活躍する。
ダイヤのピンチを救うこともしばしばだが、
うっかり自分がピンチに陥ることもある。

サバイバルの武器
危機的状況で発揮される手先の器用さ。

キュリ

ダイヤの弟。
知識が豊富なだけでなく、一度読んだ本などの
内容はほぼ完璧に覚えているという特技もある。
南極では、事前に調べてきたことのほか、南極の
情報がつまったタブレットも駆使して、
サバイバルをサポートする。ダイヤやマーレに
くらべて体力には劣るが、生き延びるために、
南極の雪原を必死に歩き通す。

サバイバルの武器
南極に関する豊富な情報量。

コリナイ

自称・世界一の冒険家
にして発明家。
ただし、その発明品は
ほとんど役に立ったこ
とがないらしい。ダイ
ヤたちとともに、自分
で発明した軽飛行機・
コリナイ3世号で南極
の内陸まで行くが、想
定外の事故が起きてし
まう。

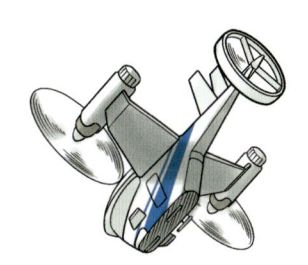

コリナイ3世号

コリナイが発明した南極探査用の軽飛行機。
垂直離着陸機のため、どんな場所にも着陸
でき、完全電子制御で誰でも簡単に操縦で
きる優れものらしいが……。

1章
南極に
やってきた！

バババババ バババババ

見て見てっ！
氷だらけの
白い世界！

ダイヤ、
知らなかったのかよ？
南半球の国では真夏に
サンタが来るんだぜ。

そ……そのくらい
知ってたよ。
（知らなかった……。）

夏といっても昭和基地の周辺では
最高でも4℃くらいしか上がらないよ。

北海道札幌市の冬より少し
あたたかいくらいですよね。

ひえ～～～～…

メリークリスマス

雪まつり

ガクガク…

冬の札幌って
すごく寒そうじゃん。
夏でそれだと……。

じゃあ冬は？

いったい…

南極ってどこ？

南極大陸は、日本から南へ1万1000km以上離れた所にあります。面積は約1400万km²。日本の面積（約37万8000km²）の約37倍の広さです。

ふつう「南極」というときは、「南極大陸」とその周囲にある島や海のことを指します。南緯90度の南極点（→80ページ）を中心に、南緯66度33分までの地域を「南極圏」と呼ぶこともあります。

南極は、世界のどこの国にも属していません。そこで、争いが起こらないように、1959年に世界の12カ国が南極の平和的な利用を目的に南極条約を結びました（2024年6月現在は57カ国）。この南極条約では、南緯60度より南を「南極地域」としています。

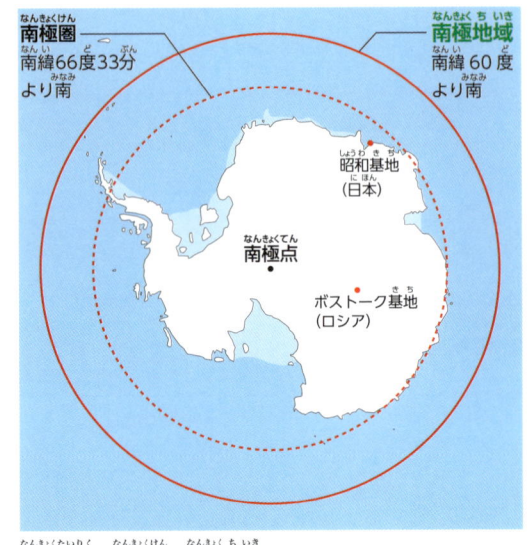

南極圏
南緯66度33分より南

南極地域
南緯60度より南

昭和基地
（日本）

南極点

ボストーク基地
（ロシア）

南極大陸と南極圏、南極地域

南極大陸の気候

南極は地球で最も寒い所です。場所によってちがいますが、日本の昭和基地では夏の気温が平均マイナス1℃、冬の気温が平均マイナス20℃。夏でも冬の札幌と同じくらいの気温です。南極大陸にあるロシアのボストーク基地では、1983年にマイナス89.2℃という気温を記録しています。これは地上で観測された地球の最低気温です。

南極大陸は、実は乾燥した気候です。海の近くでは雪が降りますが、内陸ではほとんど降りません。南極大陸に1年間に降る雨や雪などの量は200mmにも届きません。これは、日本の1年間に降る雨や雪の量のおよそ10分の1です。

南極大陸の内陸では、気温がマイナス60℃になることも珍しくない。空中にまいたお湯が一瞬で凍る　写真：朝日新聞社

氷に覆われた南極大陸

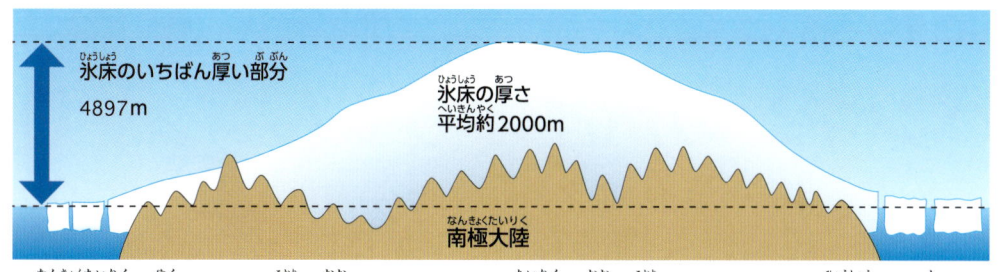

氷床のいちばん厚い部分
4897m

氷床の厚さ
平均約2000m

南極大陸

南極大陸の約98％は、氷に覆われています。大陸を覆う氷のかたまりは「氷床」と呼ばれ、いちばん厚いところでは4897m、平均でも約2000mの厚さがあります。氷床は、降った雪がとけずに万年雪となり、上に積もった雪の重さで固まって氷になったものです。この氷床には、地球にある淡水のおよそ60％がためられているといわれます。

南極大陸の氷床は、高い所から低い所へ、内陸から海岸へとゆっくり流れていきます。海岸まで流れてきた氷は、海に押し出されて浮かびます。このとき、まだ陸の氷床とつながっているものを「棚氷」といいます。棚氷の先が切り離されて、海に浮かんだものが「氷山」です。氷山はやがて海を流れて、とけていきます。

氷河と氷床

陸に積もった雪が氷になり、ゆっくりと流れるものは「氷河」といいますが、氷河の中でも、南極やグリーンランドのように広い陸地を覆うものは、とくに「氷床」と呼ばれます。氷河は、ヒマラヤやヨーロッパアルプスのような高山にもあります。

氷床に覆われた南極大陸　写真：iStock

南極には大山脈もある

南極大陸には、全長約3500kmに達し、大陸を東西に分ける「南極横断山脈」があります。いちばん高い山は標高4528mのカークパトリック山です。また、地球上で最も南にある火山、標高3794mのエレバス山もあります。

2章
昭和基地とペンギンのバイオちゃん

昭和基地の隊員さんってたくさんいるんだね。

今は夏隊員もいるから、およそ100人いるよ。

夏隊員？

夏の間だけ南極にいる隊員さ。冬の間もずっと南極にいるのが越冬隊員だ。

わたしたち夏隊でーす！

ペンギンだっ！
かっわいいぃぃ！

オオー

ヒョコ　ヒョコ

ペンギンまで私を
出迎えてくれたの〜！？

ペンギンちゃぁ〜ん!!
まって〜

ダイヤ！

待って！

ダダダ

南極ではペンギンや鳥は
5m、アザラシは15mほど
距離をとらないと
いけないんだよ！

パタッ

アタッ！

あ、転んだ。

雪の上で
よかったね……。

昭和基地の南のほうに
アデリーペンギンの
営巣地がいくつかあってね。

へー

かわいい♡

まれにああやって
姿を見せてくれるんだ。

うー。おなか減ったーっ。
南極ごはん食べたーい！

ははは。あとできみたちの
歓迎パーティーを食堂で
行うから楽しみにしてて。

歓迎パーティー！？

ああ！ 昭和基地自慢のごちそう
も用意しているよ。

ごちそう！？
早く食堂に行こうよ！

さぁ 行こう
早く行こう
今行こう！

ちょっ…

まってー

ぐい ぐい ぐい

ずるずる

じつはあともう1人、ゲストが来る
予定なんだ。その人が来るまで
待ってもらえるかな。

えー？

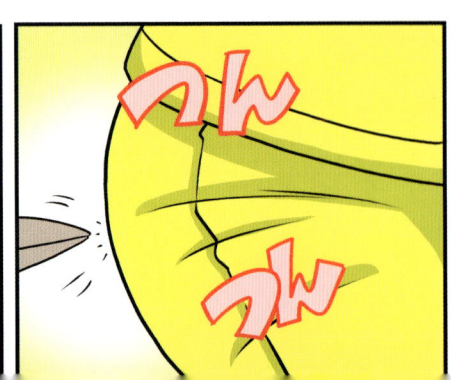

つん

つん

ちょっと、キュリ〜。
くすぐったいから
やめなさいよ〜。

僕じゃないけど？

うわー、かわい〜。
ペンギンって人懐っこいんだね。

人懐っこいわけじゃないけど、
この子は人間を恐れては
いないようだね。

本当は
5メートル以内に
近よっちゃいけない
んだけど…

ダイヤって、
よく動物になつかれるな。

あれ？
この子、何か付けてる。

ああ、データロガーだね。

でーたろがー？

27

ちょっと見てみようか。

この中にGPS記録装置や
小型のカメラが入っていて、
ペンギンの行動調査を
しているんだ。

カシャ

海の中？

ジュポポ

おっ。
魚を
とった！

パクッ

このペンギンの営巣地はここから南に10km。
営巣地から15km離れた海で魚をとったんだね。

……とまあ、こんなふうに
動物にデータロガーを付けて
動物の行動を記録することを
バイオロギングというよ。

ダイヤジョギング !?

エッホ

エッホ

バイオロギング！

集めたデータを使って、動物の生態を明らかにするんですね。

その通り。

ふーん…

よし！
この子の名前は
バイオちゃん！

グアー♬

スイ

おや、とうがもだ。

とうがも？

ナンキョクオオトウゾク
カモメのことだよ。
南極沿岸にすむ大型のカモメさ。

ナンキョクオオトウゾクカモメは
とても攻撃的な鳥で、
ペンギンの天敵だって！

ナーン・キョク・
オオ・トウゾク・
カモ・
メ・・・

いや、カモメにしては
無茶苦茶でかいぜ。

ぶわぁ

羽を広げたら1mは
ゆうに超えてる！

くるしっ

ん〜。この子は
大丈夫じゃ……

もうヒナじゃ
ないし…

バイオを
狙ってるんじゃ
ないか？

北極と南極のちがいは？

北極点の近くには大陸はない。ホッキョクグマは南極にはいない

北極圏
北緯66度33分より北
北極点

北極点（地理上の北極）は、海上に浮いた氷の上にあります。これに対して、南極点（地理上の南極。→80ページ）は大陸の上にあります。

北緯66度33分より北を北極圏と呼びます。北極圏の中には、北アメリカ大陸、ユーラシア大陸、グリーンランドの一部などが含まれます。これに対して、南極圏には南極大陸以外の大陸はありません。そのほか、北極は海のため標高が低く、南極は平均2000m以上という違いもあります。また、北極点の平均気温は約マイナス18℃、南極点は約マイナス50℃で、南極の方が寒いです。

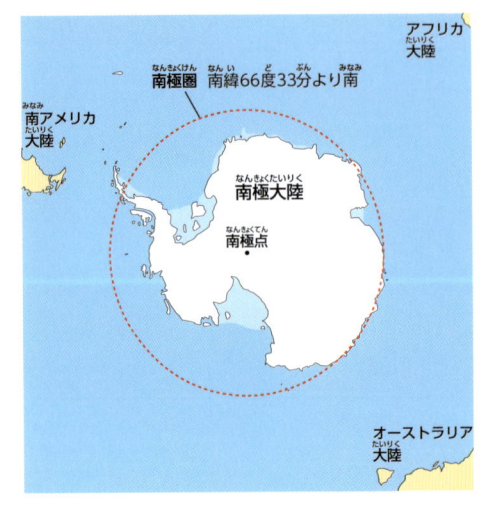

アフリカ大陸
南極圏　南緯66度33分より南
南アメリカ大陸
南極大陸
南極点
オーストラリア大陸

南極には、氷に覆われた南極大陸がある。ペンギンは北極にはいない

沿岸の生きもの

南極大陸は、とても寒いうえに乾燥しているので、コケなどを除いて植物もほとんど生えません（→153ページ）。そのため、植物を食べる動物もトビムシやダニなどの微小生物を除いて見られません。

一方、南極大陸の沿岸や周囲の海には、アザラシ、オットセイ、クジラ、イルカなどの哺乳類が生息しています。鳥類では、ペンギンの仲間や、ナンキョクオオトウゾクカモメなどが見られます。

南極大陸や周辺の島にすむアデリーペンギン

南極大陸や周辺の島にすむコウテイペンギン

南極大陸の沿岸で見られるヒョウアザラシ

南極大陸周辺の海で生活するウェッデルアザラシ

バイオロギングで、アザラシやペンギンの生態を調べる

動物に小型の計測機器（行動記録計や送信機）を取りつけて、動物の行動を記録したり、動物が暮らす環境を調べたりすることをバイオロギングといいます。計測機器を取りつけられた動物が、活動するあちこちから画像などのデータを送ってきてくれます。とくに海で暮らす動物は観察が容易ではないので、バイオロギングは威力を発揮します。日本の研究チームも、昭和基地周辺に生息するアザラシやペンギンに計測機器を取りつけて、動物の生態や環境の調査を行っています。

南極大陸の周辺で産卵と子育てをするナンキョクオオトウゾクカモメ

3章
へんてこな冒険家

よし、出会えた記念に
ボクのサインをあげよう。

え？
いや....

ほかにだれか ほしい人いる〜？

コリナイを発見

コリナイさんは、
昭和基地でもちょっとした
有名人なんだ。

どんな有名人？

モグ

モシャ モシャ

いっつも、みょうちきりんな
発明品を持ってきてね。

たいていはまったく役に
立たないんだけど……。

ある
歩く
おそうじ
ロボット発明
したよ〜

ブイーン

車輪で
よくね？

でかくね？

いつも なんだ…

モジ
モジ

あの〜。

おトイレって
どこですか？

トイレは、2階の渡り廊下を
渡った先の発電棟にあるよ。

え？ 発電棟？

……って何ですか？

昭和基地の電気を
作っている場所さ。

えー？
そんなに遠いの〜？

昭和基地の主要部には
トイレが少ないんだよ。

※昭和基地で使う電気は自前で作っています。

ハッハッハ。
なら、ボクの発明品を
使いたまえよ！

探検のときの必需品！
どこでもトイレ〜ッ！

……って
オマルじゃない
の〜〜っ！

わあ、
助かる〜っ。

かなり便利
なのに……。

南極発見の歴史

　2000年以上前の古代ギリシャの時代から、ヨーロッパのはるか南に未知の大陸があるのではないか、と考える人がいました。しかし、南極圏に初めて西洋人が到達したのは、1773年のことです。この年、西洋人として初めてハワイ諸島に到達したことで知られるイギリスの探検家ジェームズ・クックが、南太平洋を航海して南極大陸の近くまで行きました。しかし、南極大陸の発見には至りませんでした。

　南極大陸が西洋人に発見されたのは、およそ200年前の1820年ごろ。ロシアのベリングスハウゼン、イギリスのブランスフィールド、アメリカのパーマークが発見しました。ただし、このうちの誰が最初に発見したのかは分かっていません。

南極圏に初めて到達したジェームズ・クック（1728-1779）　画像：iStock

　1911年12月14日には、ノルウェーの探検家ロアール・アムンセン（ロアルド・アムンゼン）が探検隊を率いてロス海のロス棚氷から上陸し、人類で初めて南極点に到達しました。このとき、アムンセンと南極点到達を競っていたイギリスのロバート・スコットも、およそ1カ月後の1912年1月17日に南極点に到達しました。しかし、スコットの一行は帰りに遭難し、全員が命を落としました。

南極点に初めて到達したロアール・アムンセン（1872-1928）。紙幣に描かれた肖像画
画像：iStock

1911年に南極点に到達したアムンセン一行の絵柄の切手
画像：iStock

日本人の南極探検

白瀬矗の挑戦

1930年に撮影された
軍服姿の白瀬矗中尉

写真：朝日新聞社

アムンセンとスコットが南極点への到達を競っていたころ、日本の軍人・探検家だった白瀬矗（1861-1946）も、南極大陸をめざしていました。1912年1月、南極大陸から海に張り出したロス棚氷に上陸し、同28日には南緯80度5分の地点に到達し、この一帯を「大和雪原（やまとゆきはら・やまとせつげん）」と命名しました。白瀬探検隊の一行は、2月4日に南極を離れるまで気象観測や生物、地形の調査などを行い、6月に日本に帰国しました。

1912年、南極の氷原に日章旗を立てた白瀬探検隊。左から2人目が白瀬　写真：朝日新聞社

1957年、昭和基地が開設

日本は、1955年に南極観測を行うことを決めました。戦後の復興の時期だったので、国民の南極観測にかける夢と期待は大きく、たくさんの寄付が寄せられました。1956年には、南極観測船「宗谷」で、第1次南極観測隊53人が南極に向けて出航。1957年1月29日に隊長の永田武らが上陸し、これから建設する基地を「昭和基地」と命名。2月1日から建設が始まりました。この年は、

1957年、観測船「宗谷」から下ろされた物資

写真：朝日新聞社

53人のうち11人が越冬隊として、帰国せず厳寒の南極で冬を越しました。

4章
重要ミッションを救え！

は—っ。
スッキリした♡

さー、
食べなおし
しよっと。

ん？

なんだって？

ムリなのか？

ねぇマーレ

何かあったの？

つんつん

また食ってんの？

ドームふじ観測拠点Ⅱで
トラブルがあったんだって。

ドームふじ……？

それって、
どこにあるの？

昭和基地

1000km

ドームふじ
観測拠点Ⅱ

ここから南の方角に
だいたい1000km離れた
所にあるみたい。

東京から
北海道
くらい
かなー

本当に困った。
地下の氷を掘り出すという
重要なミッションがあるのに。

氷を掘るのが
重要なミッション
なの？

南極の氷は降った雪が
固まったものだから、

下にいけばいくほど
古い時代にできたもの
なんですよね？

その通り。

地下深く眠る氷を掘り起こすことで、
当時の地球環境を読み解くことができるんだ。

南極大陸に
降った雪が
固まった氷床

下にいくほど
古い氷

ずいっ

今、私たちが掘り出そうとしているのは、
100万年前の氷なんだよ。

ひゃくまん
ねん???

って、
どのくらい昔？

まだ今の人類は地球上にいなくて、
すでに絶滅してしまった原人という
人類がいたころですね。

……想像もつかないけど、
とにかくすごく昔って
ことだね。

ムシャ

だね

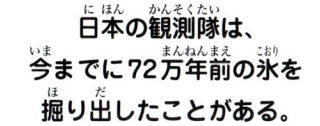

日本の観測隊は、今までに72万年前の氷を掘り出したことがある。

ヨーロッパの観測隊が今までに、それより古い約80万年前の氷を掘り出すことに成功しているけど、

我々の今回のミッションが成功すれば、世界最古の氷を掘り出すことになるんだ！

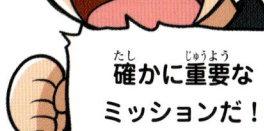
世界最古!?

確かに重要なミッションだ！

で、どんなトラブルなの？

替えの部品はあるんですか？

ここにあることはあるんだけど……。

氷はドリルで掘っていって取り出すんだけど、通信によれば、部品の一部に不具合が出て、ドリルが止まったらしい。

え？ じゃあ、届けに行けばいいじゃん。

オレ行ってきましょうか？

雪上車で行くと
3週間かかるんだ。

雪上車で
3週間???

3時間じゃなくて？

1000kmも離れているからね。
それに、ドームふじ観測拠点Ⅱで
活動するのは夏の間だけ。
3週間も待っていたら今年の
活動期間が終わってしまうんだ。

来たよー

もう夏おわりだから帰りまーす

たしかに…

だったら
飛行機で行けば？

パタ

パタ

昭和基地には飛行機はないんだよ。
きみたちを乗せてきた小型ヘリは
1000kmも飛べないし……。

あ…

小型ヘリでは
だめでも……。

あの飛行機なら……。

くるっ

日本の南極観測基地

日本の南極観測基地には、次のような施設があります。

昭和基地

東オングル島に1957年に開設された、日本の南極観測の中心となる基地。3階建ての管理棟のほか、大小60以上の建物から構成されています。

昭和基地では、1年を通して大気・気象・地球科学・生物などに関連するさまざまな観測を行っています。

昭和基地の基本観測棟　写真：朝日新聞社

ドームふじ基地

1995年に昭和基地の南約1000kmの氷床上に、氷床深層掘削（氷床を深くまで掘ること）の拠点として開設されました。ここでは、2007年に深さ3035mまでの氷床コア（円柱状の氷）の採取に成功しました。2024年には、ドームふじ基地から約5kmの地点に、新たに氷床コアを掘削する「ドームふじ観測拠点Ⅱ」が完成しています。氷床コアを分析することで、過去100万年くらいの気候変動の様子を知ることができます。

みずほ基地

1970年に昭和基地の南東約270kmの内陸に開設され、内陸部の気象観測や、雪氷ボーリング（氷床を掘って氷のサンプルを採取する）を行いました。現在は無人基地となり、昭和基地からドームふじ基地へ行く際の中継地点として使われています。

あすか基地

1985年に昭和基地の西南西約670kmの氷床上に開設されました。山地の地形や地質調査に加え、気象、地震、オーロラなどの観測を行いました。2024年現在、閉鎖中です。

ドームふじ基地　写真：朝日新聞社

昭和基地と南極観測

昭和基地は大陸から４kmほど離れているため、南極大陸特有の強い風の影響が比較的少なく、南極では気候が穏やかな場所に位置しています。

空から撮影した昭和基地　写真：朝日新聞社

基地の施設

62棟の建物のほか、さまざまな観測を行うための各種アンテナ、燃料タンク、通信用アンテナなどがあります。３階建ての管理棟には、料理をする厨房、食堂、医務室、通信室、中継スタジオ、娯楽室などがあります。

多目的アンテナレドーム
衛星受信棟
情報処理棟
光学観測棟
荒金ダム
天測点
風力発電装置
清浄大気観測小屋
観測棟
第２居住棟
第１居住棟
インテルサットアンテナレドーム
第一発電棟
管理棟
燃料タンク
19広場
昭和基地の看板
基本観測棟
汚水処理棟

昭和基地の主要部、主な建物の名称
国立極地研究所「日本の観測基地」を一部改変

どんな人が南極観測隊員になれるの？

日本の南極観測には、「越冬隊」と、「夏隊」の２つの隊員が参加します。越冬隊は、南極の長い冬を含めた約１年間、さまざまな観測や調査をします。夏隊は、南極の夏の３カ月間滞在して観測や調査などを行います。

隊員は、観測を行う研究者など（観測系）に加え、設備の維持や車両・機器類の整備、通信、調理、医療など観測を支える人たち（設営系）で構成されています。隊員を一般の人から募集する一般公募もあり、選考に通れば南極観測隊の一員として参加できます。

昭和基地で気象観測の気球をあげる観測隊員

写真：朝日新聞社

5章
南極の氷は
タイムカプセル

バヒュ
バリ
バリ
バヒュ
バリ
バリ

ドューンッ
ガッ

諸君！
ドームふじ観測拠点Ⅱ
のそばに着陸したぞ。

ヒュル
ヒュル
ヒュル

さあ、酸素ボンベだ。ゆっくり吸って。

南極は内陸に行くにしたがって標高が上がるんだ。

まあボクは日ごろから鍛えているから大丈夫だけど。

さりげなく自まんしてるね…

だから高山病には気を付けないとな。

あとこれ、サングラス。

雪だらけの雪原では、雪が光を反射して目に悪いんだ。

南極の屋外では、サングラスは必需品だよ。

ファッションだけじゃないんだね

コリナイさんですね！
部品をありがとうございます。

いえいえ。

今、リアハッチを開けるよ。

ゴンゴンゴン

助かりました〜。

きみ、大丈夫かい？
観測拠点で少し休もう。

🔴 Dome FujiⅡ
ドームふじ観測拠点Ⅱ

ギュウウイイイン

よし！
修理完了。

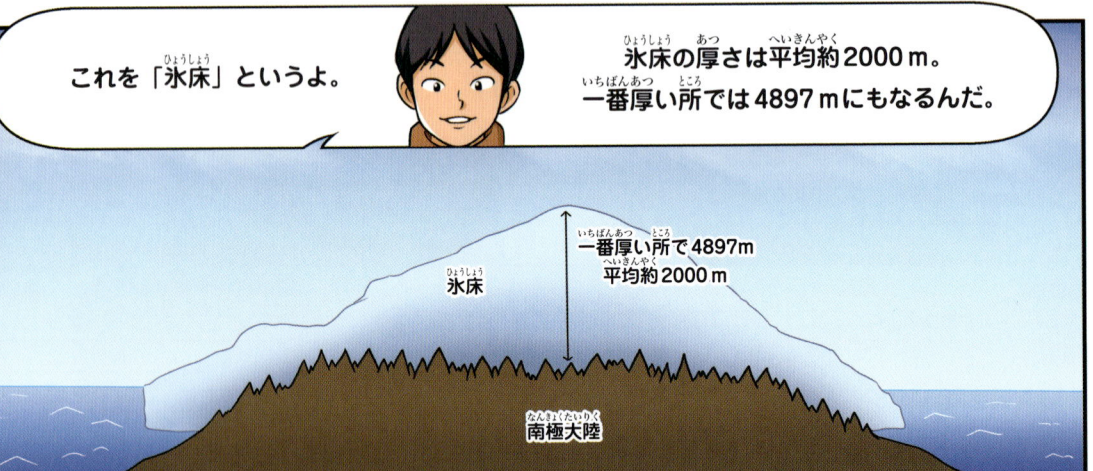

そうか。
100万年前の氷なら、
100万年前の空気が
閉じ込められている……。

その空気を分析すれば
古い時代の気候を知ることが
できるんですね！

まるでタイムカプセルだ。

ドキドキ

ひょっとして
これ、南極の古い氷？

どんな味
かな〜。

100万年前の氷って
いつ掘れるの？
今日？ 明日？
見てみたーい！

僕も！

そうだねえ。
100万年前の氷を掘り出すには、
あと１、２年かかるかな。

あ…

ズザー　　ザザー

えーっ？
そんなに先？

がっくし…

そんなに速く掘れないんだよ。
1回の掘削で4mくらいしか進まないからね。

2700m近く掘るには、時間がかかるんだよ。

遠い道のりですね。

そうなんだあ。

でもきみたちのおかげで無事にミッションを続けることができるよ。

本当にありがとう。

はっはっは。
礼には及ばないよ。

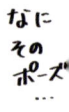

なに
その
ポーズ
…

はが……。

ほげれ……。

日本の南極観測の成果

　日本の南極観測は1957年から本格的に始まり、気象や大気の観測、オーロラの観測、地形・地震などの観測、大陸を覆う厚い氷床の掘削、鉱物や隕石の調査、生物の調査など、幅広い活動を続けています。

　その中で、大きな成果として知られているのが次の3つです。

①隕石の採集

　宇宙空間にある小さな天体やそのかけらが、地上に落ちてきたものが隕石です。南極は、地球上で最も多くの隕石が見つかる地域と考えられています。日本の観測隊は、1969年に氷河の調査中に偶然、9個の隕石を発見して以後、24回にわたる調査で、これまでに約1万7000個の隕石を採集しました。これらの隕石は、太陽系や惑星の成り立ちを調べる研究などに役立てられています。

南極の氷原で見つかった隕石（左）と隕石を採集する観測隊員（右）
写真：朝日新聞社

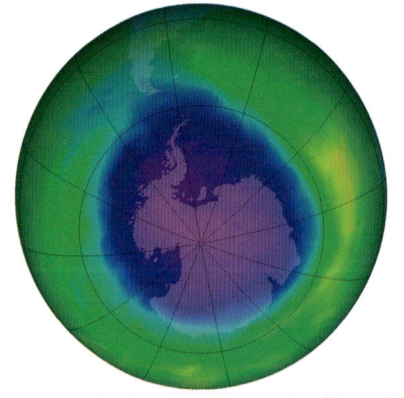

1989年10月7日のオゾンホール（濃い青の部分）。南極大陸がほとんど入る大きさに広がっている
画像：NASA Ozone Hole Watch

②オゾンホールの発見

　地球の上空10〜50kmには、オゾンという物質が多く存在するオゾン層があり、太陽からの有害な紫外線が地上に降り注ぐことを防いでいます。

　南極上空のオゾンの量が著しく少なくなり、オゾン層に穴が開いたようになる現象、またはその部分をオゾンホールといいます。オゾンホールは、8〜9月ごろに発生し、急速に発達して、11〜12月ごろに消えてなくなります。

　1982年9〜10月、観測隊員だった気象庁の

忠鉢繁が昭和基地での観測により、南極上空のオゾンの量が極端に減っていることをつきとめました。この観測結果は1984年に発表され、南極のオゾンホールの世界最初の報告となりました。

③氷床の掘削により地球環境の変動の歴史を解明

みずほ基地で1971年に行われた41mの掘削が、日本の南極観測として最初の本格的な氷床掘削です。その後も続けられ、2007年にはドームふじ基地で深さ3035mに達する氷床掘削に成功して、今からおよそ72万年前の氷床コアの採取に成功しました。遠い昔に降った雪からできた氷には、遠い昔の空気が閉じ込められています。その空気を調べることで、過去の空気の成分が分かり、地球環境の変化の歴史を解き明かすことができます。56ページで紹介したように、2024年に完成した「ドームふじ観測拠点Ⅱ」では、100万年以上前の氷床コアを掘削するための計画が進められています。

円柱状の氷として掘り出される氷床コア
写真：朝日新聞社

なぜ南極の観測をするのか？

南極観測にはいろいろな目的があります。その中でとくに重要なのは、南極観測から地球環境をよく知り、地球環境の未来を予測するのに役立てるという目的です。

各国の観測隊員のほかに人が住んでいない南極は、人間による環境汚染が最も少ない地域です。そこでは、地球全体の環境変化がはっきりと現れます。そんな南極の水や空気などを調べることで、地球環境の理解を深めることができます。氷床コアの分析などから、過去の地球で起きていた環境の変化がわかります。南極の過去と現在を知ることで、地球環境の未来を予測することができ、それに沿った対策を立てるのにも役立つと考えられます。

6章
コリナイ3世号の遭難

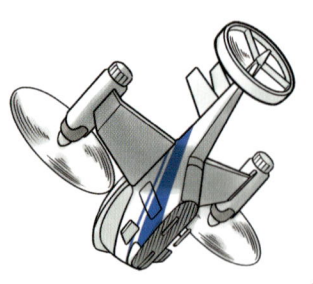

MISSING KORINAI-Ⅲ

翌日

無事に帰るんだぞ〜。

さよ〜なら〜。

達者でな〜。

ありがとう。

また来るね〜。

いや、そう簡単には来られないけど……。

バリ バリ

ガタ

ガタ

それにしても残念だなあ。
もうちょっと燃料があれば、
南極点まで行けたんだけどね。

う〜

ガタ

きもち
わる...

南極点？

南極点は地球のいちばん南。
南緯90度の場所だよ。

北極点

南極点

北

北 ← 🧍 → 北

北

南極点に立つと四方八方
どこを向いても北になるんだ。

そうなんだ。
行ってみたかった
なーっ！

ガタ

ガタ

いや、
オレは一刻も早く
この飛行機から降りたいよ。

だいたい、
南極点に行って
何かあるの？

こんな感じみたいだよ。
南極点を示すポールが
立っているんだって。

これだけ？
なんかもっとすごいものが
あると思ってた。

しーーん

Geographic South Pole

えっ？
南極点って
移動してるのか？

アメリカの観測基地が近くにあるけどね。
ちなみにこのポールの立っているところは、
毎年10ｍもずれるから、
正しい位置に付け替えるんだって。

ほー

へー

南極点が移動しているというより、
「南極大陸の上にのっている氷が移動しているから、
氷の上に立てているポールも移動している」
と言ったほうが正しいかな。

バッ

氷床

氷床は内陸の高い場所から
低い所、つまり海に向かって
少しずつ移動しているんだよ。

コリナイさんも南極のこと、
よく知ってるんですね。

冒険家としての
基礎知識だよぅ。

南極点とは？

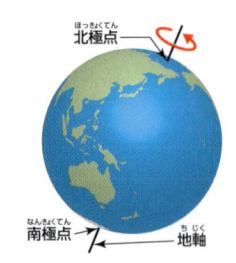

北極点

南極点　地軸

地球は1日に1回くるくると回転しています。これを地球の自転といい、自転の軸（地軸）が地球の表面と交わる場所のうち、北にあるほうを北極点、南にあるほうを「南極点」といいます。

南極点は南緯90度の地点にあります。右の地図で見ると、経度を表す線が集まった中心が南極点です。

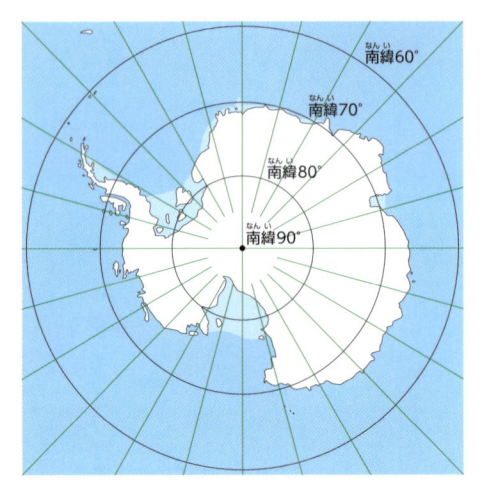

南緯60°
南緯70°
南緯80°
南緯90°

南極点には何があるの？

南極点のすぐ近くには、アメリカのアムンゼン・スコット基地があります。ここには、南極点の位置を示す標識「セレモニアル・ポール」があります。この基地は厚い氷の上にあり、氷が毎年移動するため、また地軸が毎年わずかにぐらつくため、南極点は少しずつずれていきます。したがって、セレモニアル・ポールは、正確な南極点の位置ではありません。毎年少しずつ変わる正確な南極点「ジオグラフィック・ポール」は別にあります。

南極点を示す標識「ジオグラフィック・ポール」。南極点の移動にあわせて毎年場所を変える

写真：アフロ

南磁極とは？

地球は磁石 — 南極にはN極がある

地球は、南極をN極、北極をS極とする巨大な磁石です。南極にある磁石の極を「南磁極」と呼びます。方位磁針を持って南極に近づいていくと、南を指す磁針は次第に大きな角度で下を向き、南磁極の地点で真下を指します。

少しまぎらわしいのですが、南磁極は、南極点とはかなり離れた場所にあります。南磁極は、毎年移動し、現在は右の地図の位置にあります。

地球は、南極をN極、北極をS極とする巨大な磁石

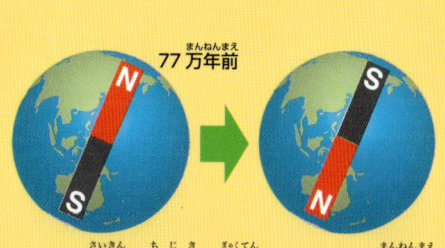

南磁極は、南極点とは別の場所にある

地球のN極とS極は入れ替わる

長い年月の間に、地球のN極とS極が何度も入れ替わってきたことが分かっています。これを「地磁気の逆転」といいます。現在から見て、いちばん最近の逆転は、およそ77万年前に起こりました。つまり、それ以前は、南極がS極、北極がN極だったのです。地磁気の逆転は、N極とS極が完全に入れ替わるのに数千〜2万年くらいかかり、いちど逆転が起こると、その状態が数十万〜100万年続くといわれます。

77万年前

いちばん最近の地磁気の逆転は、およそ77万年前に起こった。77万年前、それまでS極だった南極はN極になった

7章
極寒のキャンプ

寒い場所では、体温を保つためにふつうよりも体力を使うんだ。

それにたとえ平たんでも、雪の上を歩くのって慣れないと大変だからね。

今日はもう休んだほうがいいかも。

でもまだ明るいぜ。まだまだ歩けるさ。

そうだよ。明るいうちに進んでおかないと！

でも、昭和基地の時間でもう夜の8時なんだよ。

ん!?

こんなに明るいのに？

忘れてた！南極の夏って太陽が沈まない白夜なんだっけ。

今は夏の終わりだから、昭和基地近辺はもう白夜の時期が終わってるけどね。

それでも夜中になってもまだうす明るいはずだよ。

白夜と極夜

　日本では、夏でも冬でも昼には太陽が出ていますが、夕方には太陽が沈み夜は暗くなります。ところが南極の夏には、太陽が沈まない日があります。これを白夜といいます。これとは逆に、冬にはまったく太陽が出ない日があり、1日中夜になります。これを極夜といいます。

　白夜や極夜の日数は、緯度が高い所ほど多くなります。南緯69度の昭和基地では、白夜が約60日間、極夜が約40日間続きます。南緯90度の南極点では、白夜と極夜がそれぞれ半年ほど続きます。

白夜のときは、夜になっても太陽が沈まない。写っている船は、日本の南極観測船しらせ

極夜のときは、昼でも太陽が出ないので暗い

極夜の前後には、太陽が地平線すれすれを転がるように移動する。極夜が終わって2週間ほどたった2020年8月1日、昭和基地で午前10時から午後3時までの太陽を撮影した写真

白夜や極夜が起こるわけ

南極で白夜になるとき

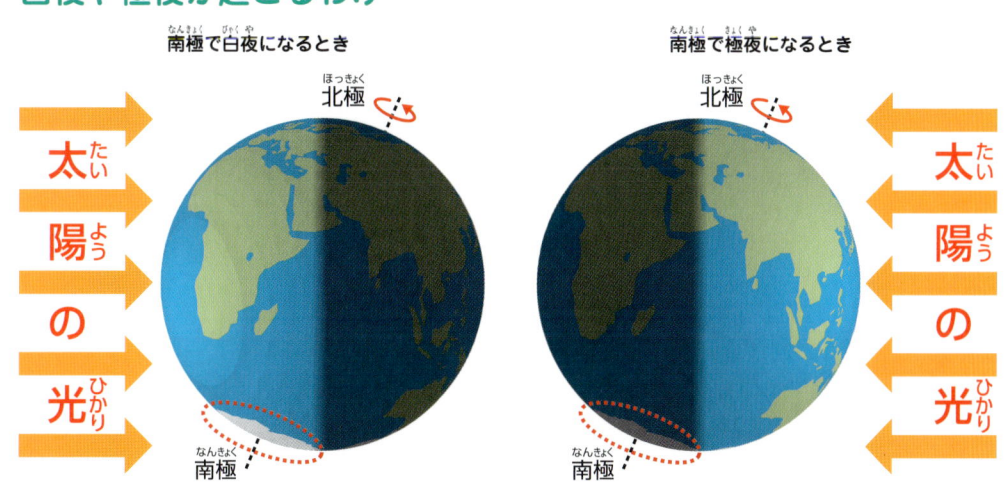

北極

太陽の光

南極

南極で極夜になるとき

北極

太陽の光

南極

　白夜や極夜は、地球が23.4度ほど傾いて自転しているために起こります。図のように、南極で白夜になるときは、1日中、太陽の光が当たり続けます（このとき、北極では極夜になります）。南極で極夜になるときは、1日中、太陽の光が当たらなくなります（このとき、北極では白夜になります）。

白夜のとき日が沈まないのに、寒いのはなぜ？

　日本では、夏の昼には、太陽の光は真上近くから差して地面をあたためます。冬になると、太陽の高さが低くなり、光は斜めから地面に当たります。太陽の光が斜めから当たるとき、同じ面積の地面が受け取る熱の量は、真上から当たるときに比べて少なくなります。そのため、冬には地面があたたまりにくく、気温も上がりません。

　南極では、夏でも太陽の高さが低いので、地面はあたたまりにくく寒いのです。しかも、南極大陸は白い氷に覆われているので、太陽の光は反射され、地面にあまり吸収されません。これらの理由から、白夜で1日中太陽が出ていても気温はそれほど上がらず、寒いのです。

太陽光が真上から

太陽光が斜めから

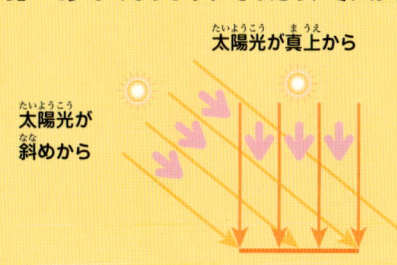

8章
オーロラ現る

ふー。

テント張るだけで疲れたーっ。

タブレットにテントの張り方の説明があってよかったね。

コー

うまい～

モシャモシャ

ホントだよ。

地面も硬くてなかなかペグが打てなかったしな。

氷がかたくてささらない～

ガキーン

どろ～り

あちちちちーっ。

あっ
熱いん
だから…

少しくらい落ち着いて
飲めないもんかね……。

うひゃー。
つべたいーっ！

どうした!?
まさかシロクマ？

すごい！
オーロラだ！

そうか！

コリナイ３世号の調子が
悪くなったのも、タブレットの
GPSがおかしくなったのも、

このオーロラのせい
だったんだ！

へ？
どゆこと？

太陽の表面で爆発が起きると、太陽風という高温で電気を帯びた小さな粒（プラズマ）が噴き出されるんだ。

太陽風（プラズマ）

太陽

地球　地磁気

この小さな粒が地球の地磁気にぶつかると電流が起きて、それが空気の粒にぶつかり光を放つ現象がオーロラだよ。

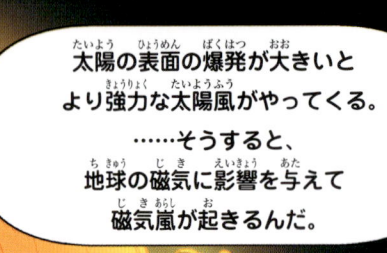

大空の芸術、オーロラ

オーロラは、南極や北極に近い所で夜空に現れます。最も多く現れる色は緑、次いで赤、青の順番です。これらの光がレースのカーテンのように揺れ動くさまは、とても美しく神秘的です。

2020年に南極の昭和基地で撮影されたオーロラ　写真：朝日新聞社

南極でオーロラが発生するわけ

太陽は、光、赤外線、Ｘ線など（これらを電磁波という）のほかに、太陽風と呼ばれる荷電粒子（電気を帯びた粒）を放っています。太陽風は、秒速400～800kmという速度で飛んできます。地球は、南極をＮ極、北極をＳ極とする磁石で、この磁石によって作られる磁場を地磁気といいます。太陽から飛んできた荷電粒子は、地磁気のはたらきによって地球を避けるように進みますが、そのときに電流が生じます。その電流が北極や南極の上空に入り込み、上空100～500kmの高さの所で、空気を構成する酸素や窒素に衝突したときに光が出ます。これがオーロラです。

オーロラがゆらめいて見えるのは、光っている上空の酸素や窒素が動いているからではなく、電流が入り込んでくる場所がつぎつぎに変わっていくからです。

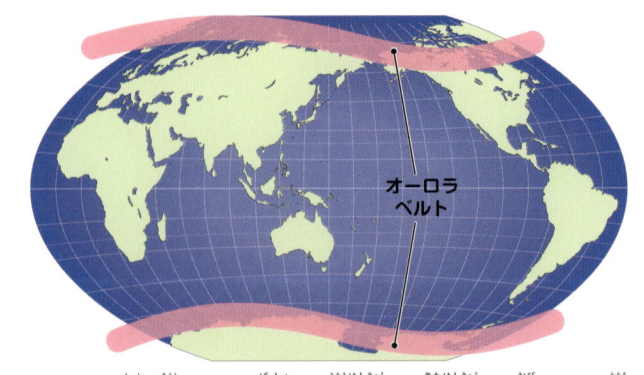

オーロラ
ベルト

オーロラが最も現れやすい場所は、南半球でも北半球でも帯のような形をしている。この範囲はオーロラベルト、あるいはオーロラ帯と呼ばれている。

太陽表面の爆発「フレア」とオーロラ

太陽の表面には、黒点という暗い部分がいくつか見えます。黒点の周辺にはエネルギーがたまっていて、このエネルギーが解き放たれるときにフレアという爆発が起こります。大規模なフレアが発生すると、光と同じ速度（秒速約30万km）でX線も地球に届き、その影響で無線通信ができなくなることがあります。

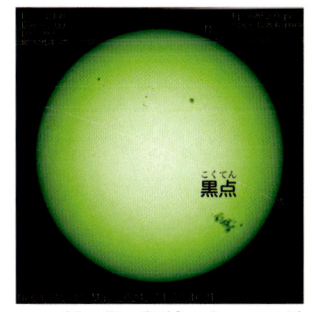

2024年5月に太陽に見られた黒点　写真：国立天文台

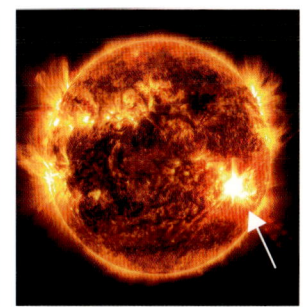

2024年5月に観測された大規模なフレア（白色の矢印の部分）。この画像は特殊な方法で人の目には見えない光を撮影している

画像：NASA/SDO

大規模なフレアからは強い荷電粒子も大量に放出されます。フレア発生の3〜4日後に、大量の荷電粒子が地球に届き、地球が持つ磁石のはたらきを乱します。これを磁気嵐といいます。大規模な磁気嵐が起こると、オーロラがたくさん発生し、いつもは見えない緯度の低い地域でもオーロラが見えることがあります。

磁気嵐は、通信に障害を及ぼしたり、発電所や変電所などの電力設備を壊して停電を引き起こしたりすることがあります。

日本でもオーロラを観測

2024年5月11日の夜、北海道、東北、北陸地方などで、オーロラが観測されました。といっても、北極や南極に近い地方で見えるレースのカーテンのようなオーロラではなく、北の空がほのかに赤く発光する程度のオーロラでした。肉眼ではほとんど見えず、写真に撮って初めて確認できました。過去にも、日本でオーロラが見えたという記録がいくつも残っています。

2024年5月11日の夜、北海道雄武町で観測されたオーロラ。空がほのかに赤く染まっている。左下に白く見えるのは街の明かり　写真：朝日新聞社

9章
ブリザードの恐怖

遭難2日目

風が強くなってきた……。

わ、結構降ってきた！

どれどれ、どんな味かな！

なんだ？風と雪が強くなってきたぞ。

うおっぷっ

2人とも気をつけろ！

まずい！

ブリザードになるかもしれない！

激しい吹雪のことだよ！

ブリザード？

ヒュオ

南極では、瞬間風速60ｍを超えるすごい風が吹いて、１ｍ先が見えなくなることも……。

ほーーっ

トロトロ…

凍った雪でできてるのに、
イグルーの中って
そんなに寒くないな。

雪や氷は断熱効果があるからね。
この中にいれば気温が下がりすぎる
ことはないはずだよ。

外はあんなに吹雪いて
いるのに、風の音が
あんまり聞こえない。

もうおさまった
のかな？

カパッ

ちょっと
見てみよう。

パタン

ビョオオォ…

いや〜。外はまだ
むっちゃ吹雪いて
たわ。

まいった
まいった…

雪男だ〜。

凍った雪で外の音が
吸収されるから、
イグルーの中にいると
風の音が聞こえにくい
んだ。

ゴォォォォ

ビュウウウ

まだおさまらない
のかな？

ブリザードは１日以上
続くことだってあるみたい……。

コリナイさんもどこかに
避難できてるといいけど……。

コリナイさん、有名な
冒険家って言ってたし、
サバイバル力を信じよう。

猛烈な吹雪、ブリザード

ブリザードは、もともとは北アメリカで発生する猛烈な吹雪のことです。南極でも、こうした激しい吹雪がよく発生し、ブリザードと呼ばれます。

ブリザードが発生すると、降ってくる雪に加え、地面に積もった雪や氷も吹き飛ばされるので、視界が非常に悪くなります。昭和基地では、1年間に平均で約25回、50日ほどはブリザードの状態になるそうです。昭和基地では、ブリザードをその程度によって右下の表のように3つの階級に分けています。

強いブリザードが発生したとき、昭和基地では何日も外出できなくなることがあります。やむを得ず屋外に出るときは、風で吹き飛ばされないようにロープを伝って移動します。

ブリザードで雪に埋まりかけた雪上車の前方の雪を崩す観測隊員

ブリザードのときは、昭和基地の建物と建物の間に張ったロープを伝って歩く

階級	視程	風速	継続時間
A級	100m未満	秒速25m以上	6時間以上
B級	1km未満	秒速15m以上	12時間以上
C級	1km未満	秒速10m以上	6時間以上

昭和基地で使われているブリザードの3つの階級。A級がいちばん激しい。「視程」は、何m先にあるものまで見分けられるかを示す距離

南極は世界で最も風の強い地域

南極大陸では、内陸の高い所から海岸に向けて強い風が吹きます。この風を「カタバ風」といいます。南極大陸は、平均で厚さが約2000mもある氷（氷床）に覆われています。いちばん厚い所の氷は厚さが4897mに達します。この氷床の上にたまった冷たく重い空気が、斜面を流れ下ることでカタバ風になります。

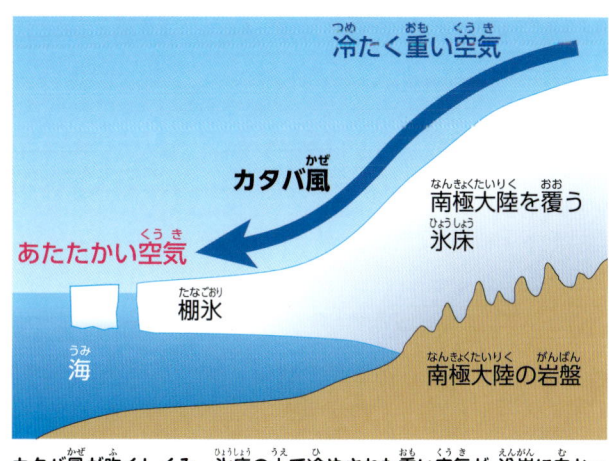

カタバ風が吹くしくみ。氷床の上で冷やされた重い空気が、沿岸に向かって流れ下る

オーストラリア隊によるデニソン岬という場所での観測によると、1年を通した平均風速が秒速20mにもなり、秒速40mの強風が数日間も吹き続くことがあるそうです。このカタバ風もあって、南極大陸は世界で最も風の強い地域といわれています。そんな南極でも、日本の昭和基地は、大陸から離れているためカタバ風の影響が少ない所です。

ハイドロリックジャンプ

カタバ風は斜面を勢いよく下ってきますが、斜面から平地に変わる沿岸部では弱くなり、風の流れが乱れて大きくはねあがることがあります。これは「ハイドロリックジャンプ」と呼ばれ、雪煙が上がって見えます。

ハイドロリックジャンプの様子

10章
GPS が戻った！？

遭難3日目

はっ！
私としたことが、うっかり
眠っちゃってた。

でも無事だったってことね。
よかったあ、生きてて。
イグルー、快適だね。

白い恐怖、ホワイトアウト

雪で一面が真っ白になった雪原や吹雪のときに、視界が白一色となり、周囲の地形や自分の向かう方向が分からなくなる現象を「ホワイトアウト」といいます。ホワイトアウトが起こると、寒い中で道に迷ったり、崖から転落したりするおそれがあるのでとても危険です。

ホワイトアウトには２つのタイプがある

●吹雪のときに起こるホワイトアウト

空中にある雪の粒が起こす光の反射や散乱によってホワイトアウトが起こります。吹雪によるホワイトアウトでは、視程が非常に短くなり、近くにあるものも目の前に広がる白一色の中に紛れてしまいます。日本でも豪雪のときなどに、このタイプのホワイトアウトが起こります。車を運転中にホワイトアウトが発生したときはハザードランプを点灯し、スピードを落として道のわきに止まります。

吹雪のときは、前の車もよく見えなくなることがある。これがもっとひどくなるとホワイトアウトになる　写真：PIXTA

●南極や北極の雪原で起こるホワイトアウト

真っ白な雪原と空に広がる雲がとけ合って、自分の周りの空間が白一色に輝いて見えるようなときに起こります。このタイプのホワイトアウトでは、実際には視程が数百mあっても、地平線が分からず、影ができないため地形の凸凹も分からなくなります。主に、地面に広がる雪の粒と雲の粒が起こす光の散乱によって起こります。

何だ？

周りが真っ白になった。

ダイヤたちが130ページで遭遇したホワイトアウトは、このタイプのもの

波打つ地形、サスツルギ

　南極でよく見られるサスツルギは、もともとロシア語の言葉で、強い風で雪の表面が削られてできた凸凹した模様のことを指します。風の吹いてくる向きに沿って伸びているので、その形から風の向きが分かります。サスツルギは凍っていて硬いので、人が乗っても崩れません。雪上車が、サスツルギを乗り越えなければならないことがあります。そのときは、車両が壊れないように慎重に進みます。

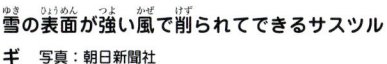

雪の表面が強い風で削られてできるサスツルギ　写真：朝日新聞社

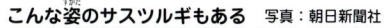

サスツルギを越えて進む雪上車　写真：朝日新聞社

こんな姿のサスツルギもある　写真：朝日新聞社

11章
ホワイトアウト再び

気を付けろよ～。

?

何だ？

周りが真っ白になった。

ホワイトアウトだ。

でも天気悪くなかったぞ？
ダイヤの姿だって見えてるし。

晴れてる日でも、南極では
上空の雲と地表の雪原に
太陽の光が乱反射することで、
周囲が真っ白になることが
あるんだよ。

ホワイトアウト？

へー。

地面と空の
区別がつかない。
面白いな。

ざくっ

あっ

ボロッ

ズズ

ズザザザ

足もとの恐怖、クレバス

氷河や雪渓（高い山の谷や斜面に夏でもとけきらないで残っている氷や雪）にできた深い割れ目を、クレバスといいます。氷（氷床）に覆われた南極大陸では、クレバスができる場所があります。中でも、氷床の斜面にはひび割れが生じやすく、そこにたくさんのクレバスができます。

クレバスに落ちるとけがをするだけでなく、命を落とすこともあります。降った雪の下にクレバスが隠れていることもあります。ですから、観測隊員は氷床上で活動するときには、常にクレバスに注意しなければなりません。

ブリザード（116ページ）に巻き込まれて視界が悪くなったときは、自分がどこにいるか分からなくなり、クレバスに落ちる危険がいっそう高まります。そんなときは視界が良くなるまで、しんぼう強く待つしかありません。

クレバスをのぞき込む南極観測隊員

クレバスのあるところを歩くときは？

南極に限らず、氷河や雪渓の上を歩くときは、クレバスに落ちる危険があります。それを防ぐには、必ず2人以上で行動することが大事です。そのとき、いっしょに行動する人どうしが、体と体をロープで結ぶという方法があります。1人がクレバスに落ちたときでも、他の人が引きずり込まれないように、人と人を結ぶロープは十分な長さを確保します。

雪原に口を開くクレバス

クレバスからの脱出訓練

南極では、常にクレバスに落ちる危険があるので、南極観測隊員は南極に行く前に、日本国内でクレバスから脱出する訓練を受けます。昭和基地でも、同じような訓練が行われています。

クレバスから
脱出する訓練の様子

12章
ダイヤを救出せよ！

……丈夫？

ははっ。

肉まんが何か
しゃべっとる。

ダイヤー！

クレバスだよ。

ダイヤ、雪に隠れていたクレバスを踏み抜いちゃったんだね。

とりあえずダイヤを助けることはできたけど。

問題は……。

クレバス地帯だね。

ここを渡るのは大変そうだよ‥

さっき、キラッとして見えたのって、このクレバス地帯だったのかな。

そうだね…

氷の重さ

奥地から移動する氷

棚氷

氷山

移動する氷が斜面の所で表面にひび割れを起こす。

パキ　パキ

大陸の奥地から移動してきた氷が急な斜面の所で表面にひび割れを起こしてクレバス地帯を作り出すんだ。

南極海の動物

　南極大陸の周囲に広がる海域を、南極海と呼びます。南極海にはたくさんのオキアミがいるので、それを食べるミンククジラ、ザトウクジラ、ナガスクジラ、シロナガスクジラなどの「ヒゲクジラ」が集まってきます。南極海にいるヒゲクジラの多くは子育てをする熱帯、亜熱帯の海から餌のオキアミを求めて、夏の間だけ回遊してきます。南極海では、「ハクジラ」のマッコウクジラも見られます。

ミンククジラ。体長7〜8mでヒゲクジラとしては小型　写真：iStock

南極海の動物を支えるオキアミ

　動物どうしがたがいに「食べる・食べられる」関係を食物連鎖といいます。南極海では、右の図のような食物連鎖が見られます。この図を見ると、南極海では、植物プランクトンを食べるオキアミが多くの動物の命を支えていることがわかります。

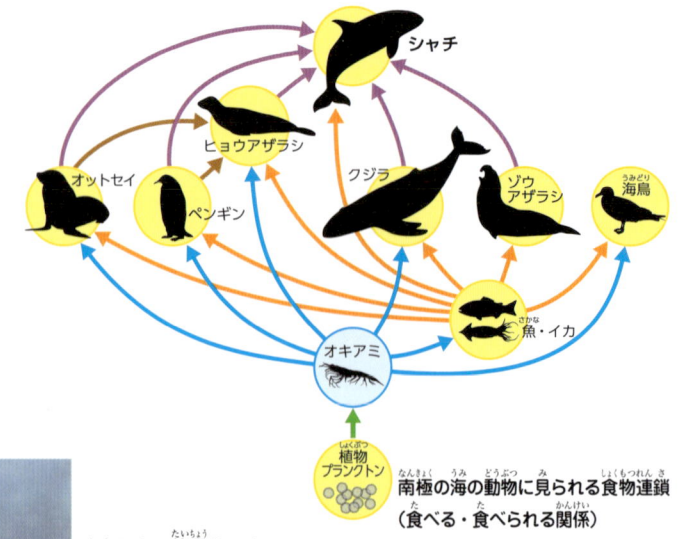

シャチ　ヒョウアザラシ　オットセイ　ペンギン　クジラ　ゾウアザラシ　海鳥　魚・イカ　オキアミ　植物プランクトン

南極の海の動物に見られる食物連鎖（食べる・食べられる関係）

オキアミ。体長3〜6cm。
見た目はエビ（エビ目）に似ている
写真：iStock

南極の植物

南極大陸は厚い氷に覆われていて低温で、しかも降水量が少なく乾燥しているため、植物はほとんど生えません。そのため南極は、「白い砂漠」とも呼ばれています。そんな環境でも、乾燥に強いコケの仲間は見られます。

種をつくってふえる種子植物としては、ナンキョクミドリナデシコとナンキョクコメススキの2種が自生しています。この2種は、南極大陸で花を咲かせる数少ない植物です。

見た目はコケに似ている地衣類も見られますが、地衣類は植物ではなく、藻類（ワカメ・コンブなどの仲間）と共生している菌類（カビ・きのこなどの仲間）です。

ナンキョクミドリナデシコ　写真：iStock

ナンキョクコメススキ　写真：iStock

氷点下の海で魚が凍らないのはなぜ？

南極や北極の近くの海では、海水の温度がマイナス2℃くらいになります。そんな冷たい海でも、すんでいる魚は凍りません。それは、冷たい海にすむ魚が体内に「不凍糖タンパク質」と呼ばれるものを持っているからです。不凍糖タンパク質には、体内の水が氷になるのを止めるはたらきがあります。

南極周辺に生息する魚、ボールドノトセン
写真：朝日新聞社

13章
クレバス地帯を越えて

遭難5日目

ねえ、キュリ〜。
こんなことして意味あるの？

電車ごっこみたいだな。

あのむき出しの岩の上にあるのって昭和基地じゃない？

そうかも！あと一息じゃん。

よし！行こう！

あれー？ なかなか着かないなあ。

近くにあるように見えたのに……。

そうか！
あれは蜃気楼だ。

上空の空気と地面の空気の温度差で
光がゆがめられて見える 幻だよ。

あたたかい空気

冷たい空気

のびて見えたり
逆さに見えたりする。

南極では蜃気楼が
よく見られるんだ。

え〜。

ガクッ

もうだめ。
おなかが減って
動けない。

でも見て！
岩場が出てきたってことは、
僕たち、海の近くまで出てきたんだ！

じゃあ、基地が近いのは
まちがいないね！

でも、
どっちに行ったら、
基地があるんだろう？

まあ、今まで通り北に向かって
行くしかないよな。
そのうち基地が見えてくるさ。

何、これ？
きれい！

それ、ガーネット
じゃない？

なぬ？
ガーネットって
宝石だよね？

じゃあこれを売れば……、

ステーキ
食べほうだい

だら〜

おおっ

……って、
お店ないから、
宝石があったって
おなかふくれない〜。

が

ワッ

でもなんで南極に宝石があるのかな？

昭和基地の近くの海岸では天然のガーネットが見つかるって聞いたことがあるよ。

ひょっとして海賊のお宝が隠されてるとか？

岩石の中に成分として含まれているんだって。

じゃあ、これって誰の持ち物でもないってこと？

持って帰ったらお金持ちになれる！？

キョロ

キョロ

だめだよ。南極ではほかに化石とか隕石とかも発見されているけれど、

学術目的に特別に許可されない限り、持ち出しちゃだめって国際的に決まってるんだよ。

ちぇー。

これだけ大変な思いしてるんだから少しくらい見返りがあっても…

ブツブツ

ジー

ん？

ペン……ギン……？

昭和基地の蜃気楼

昭和基地の沖から見えた蜃気楼。海の上の空中に氷山が浮き上がって見える　写真：朝日新聞社

　南極の昭和基地では、晴れて冷えた日に蜃気楼がよく見えます。海の向こうに氷山が浮き上がったり、上空に向かって伸びたり、ひっくり返ったりして見えるのです。

　蜃気楼にはでき方によって、上位蜃気楼と下位蜃気楼の２つのタイプがあり、南極で見られるのは上位蜃気楼です。地表付近の気温が低く、上層の気温が地表付近より高い場合に、空気の密度（濃さ）のちがいから光が曲がり、遠くのものが浮いて見えたりひっくり返って見えたりします。

　これに対して下位蜃気楼は、下層の気温が高く、上層の気温が低い場合に見えます。

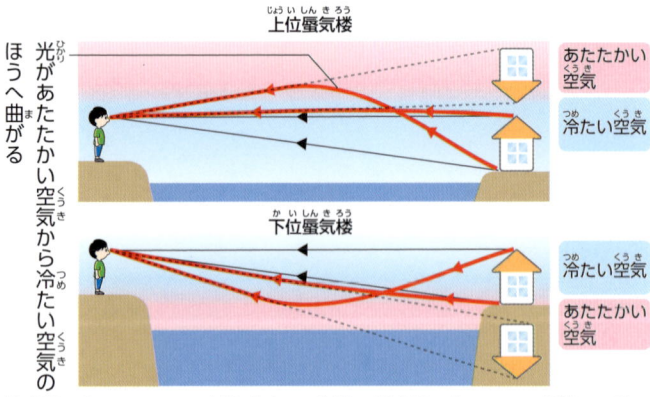

上位蜃気楼

光があたたかい空気のほうへ曲がる

あたたかい空気

冷たい空気

下位蜃気楼

光があたたかい空気から冷たい空気の

冷たい空気

あたたかい空気

蜃気楼が見えるしくみ。昭和基地では氷山の蜃気楼が見えるが、日本では海の上に建物が浮いて見えたり、ひっくり返って見えたりする蜃気楼が多い

南極の恐竜化石

恐竜がいたのは約2億3000万年前～約6600万年前です。そんな時代にいた恐竜の化石が、南極でも見つかっています。

約2億年前、南極は南半球に広がる「ゴンドワナ大陸」という大きな大陸の一部でした。恐竜などの動物も、陸伝いにこの大陸のあちこちを行き来していました。1億8000万年前ごろからゴンドワナ大陸は少しずつ分かれていきましたが、恐竜のいた時代を通して、南極は今のように寒くはありませんでした。それで、南極大陸からも恐竜の化石が見つかるのです。

約2億年前のゴンドワナ大陸。この後大陸が分かれていった

南極から化石が見つかっているクリョロフォサウルスの復元図。ジュラ紀前期（約2億年前～約1億7000万年前）の肉食恐竜。全長は6～7m

画像：iStock

南極の宝石

南極大陸では、ルビーやサファイア、ガーネット（ざくろ石）などの宝石が見つかっています。昭和基地の近くでもガーネットなどがよく見つかります。これらの宝石は、大昔の南極の姿を知るための貴重な資料です。

昭和基地の近くで見つかったガーネット

写真：朝日新聞社

※2億年前のゴンドワナ大陸の図は、アメリカ地質調査所Webサイトに掲載の図を元に作製しました。

14章 アデリーペンギンの営巣地で

ペンギンの赤ちゃん見たい！
赤ちゃん見たい！

みんな白黒模様で
見分けがつかないな。

アデリーペンギンは
南極が春になる11月ごろに卵を産んで、
1カ月後にひながかえるんだ。

11月　12月
春

知ってる！
足の上で卵を
あたためるん
だよね！

おしい！
足の上で卵をあたためるのは
コウテイペンギン。

アデリーペンギンは、
小石を集めて敷いて
足の間で卵をあたためるんだよ。

そうか
ペンギン
ちがい
だったか

それから、夏の間
子育てをするんだけど……。

今はもう夏の終わりだから、
ひなは成長して大人と同じ白黒模様で、
自分で餌をとれるようになってるんだね。

大きくなって

お父さん

ムスコ
よ…

へえ。
そうなん
だ〜。

じゃあ、
小さいのが
子どもなのかな？

ん？

あれは？

トコトコ

めべ〜

170

あれって、

バイオちゃん？

ここはバイオたちの
営巣地だったのか。

元気そうだね〜

確か、
バイオちゃんの営巣地って、
昭和基地から10km南にあるって
言ってたよね。

ということは、やっぱり
このまま北に向かえば……。

ええと
私たちはあっちから来たから、

北はあっちの方向だね！

172

ペンギンの子育て

　南極大陸にすむ動物といえば、ペンギンを思い浮かべます。南極大陸とその周辺には、7種のペンギンが生息しています。このうち、南極で卵を産み、子育てをするのはコウテイペンギンとアデリーペンギンの2種だけです。この2種の産卵と子育てを見てみましょう。

コウテイペンギンの産卵と子育て

　コウテイペンギンは、いちばん大きいペンギンで、体長が100〜130cmになります。コウテイペンギンは、3〜4月ごろ（秋）になると大きな群れをつくり内陸に50〜100kmも歩いて移動します。5〜6月ごろになると、メスが卵を1個だけ産みます。卵を産んだメスは、産卵で疲れた体力を回復するため、遠く離れた海まで魚やイカをとるための旅に出ます。メスが戻ってくるまでおよそ2カ月かかりますが、その間、オスたちは何も食べずに卵を足の上にのせてあたためます。この時期は太陽がまったく出ない極夜で、気温はマイナス60℃くらいまで下がり、ブリザードが吹きつけます。オスは、そんな厳しい環境を耐え抜いて卵を守りあたため続けるのです。やがてメスたちが、胃の中に魚などの餌をためて戻ってきます。このころ、卵からかわいいひなが生まれ、メスが運んできた餌を食べて育ちます。

コウテイペンギンの群れ。手前にいるのがひな

アデリーペンギンの産卵と子育て

　アデリーペンギンは、体長70cmほどの中型のペンギンです。南極大陸や周辺の島にすみ、主に海でオキアミをとって食べます。10月ごろになると、群れが繁殖地に集まり、小石を積み重ねて巣をつくり、オスとメスが交代で卵をあたためます。35日ほどたつとひなが誕生します。オスとメスは子育ても協力して行い、親鳥は口移しで餌を与えます。南極には、アデリーペンギンの卵やひなを狙うナンキョクオオトウゾクカモメなどの天敵がいるので、親鳥は気が抜けません。

ひなに餌を与えるアデリーペンギンの親鳥

南極のペンギンたち

南極大陸とその周辺では、アデリーペンギンとコウテイペンギン以外に5種のペンギンを見ることができます。

ヒゲペンギン(アゴヒゲペンギン)

体長は70cmほど。顔に帽子のあごひものような模様があるので、他の種と見分けやすい。南極大陸の周辺に生息し、オキアミや小魚を食べる

イワトビペンギン

小型で、体長は45〜60cm。目の上にまゆ毛のような黄色い羽毛がある。両足をそろえて岩場を跳びはねながら移動するのでこの名がついた

ジェンツーペンギン

体長は75cmほど。コウテイペンギン、オウサマペンギンに次いで大きい。目の上から頭の上を通る白い帯の模様がある。泳ぐスピードが速い

オウサマペンギン（キングペンギン）

体長85〜95cm。外見はコウテイペンギンに似ているが、頭からのどにかけての濃いオレンジ色が目立つ。ペンギンの仲間ではくちばしがいちばん大きい

マカロニペンギン

体長は70cmほど。目の上に生えたオレンジ色の羽根が特徴。18世紀のイギリスでは、おしゃれな男性たちをマカロニといい、オレンジ色の羽根がその姿を連想させることからこう名づけられた

写真：すべて iStock

15章
昭和基地をめざして

なにくそ〜

うーん。
まだか。

あと10kmなんてすぐ
だと思ったのにな。

アデリーペンギンたちは、
凍っていない海まで、
場合によっては数十kmも
歩いて餌をとりに行くんだよ。
それに比べれば……。

エサ～

エサ～

トコ

トコ　トコ

トコ　トコ

うーん、
おなか減った～。

さっき最後のチョコで
ホットチョコ作ったろ？

うう、
薄くておいしく
なかった……。

うっすうす

仕方ないだろ？
オレのリュックはちょっとしか
チョコが入ってなかったんだから。

むー。
チョコたり
ねーな…

ジャー

ガスコンロと鍋は
マーレのリュックに
入っていた。

南極と地球温暖化

ＷＭＯ（世界気象機関）によると、南極半島の北端は、地球上で最も温暖化が進んでいる地域のひとつで、過去50年で平均気温が約3℃上昇したといわれます。

地球温暖化は、氷床にも及んでいます。南極大陸は南極横断山脈によって東西に分けられますが、西南極

融解（とけること）が進んでいる西南極のスウェイツ氷河　写真：NASA

の氷床のとける速度が増していて、世界の海面上昇を早めるのではないかと心配されています。東南極の氷床は、温暖化の影響を受けていないと見られていましたが、数年前から氷床がとけていることが観測され始めています。南極大陸の氷床がすべてとけると、世界の海面は約60m上昇するといわれています。

地球環境の変化は、ある年やある日に見られた極端な現象だけからでは分かりません。長い年月をかけて地道に観測や調査を重ねることで、確かなことが言えるのです。それにより、有効な対策も立てることができます。その意味で、地球環境の変化が現れやすい南極で観測を続けていくことには大きな意義があります。

緑化が進んでいる !? 南極

南極大陸は、一部のコケを除くと植物がほとんど生えない寒い所です。2017年、イギリスの研究者らが、南極大陸では直近の50年間にコケの成長速度が速くなっていると発表しました。温暖化によって地表を覆う氷がとけて水になり、コケが生育しやすい環境になってきたのかもしれません。研究チームは、過去150年間に積もったコケの層を掘って調べ、このことを明らかにしました。

南極に生えているコケ　写真：朝日新聞社

南極あれこれ

南極の人口

　南極には、人が住み着いて仕事をしたり学校へ通ったりする町も村もありません。南極に住んでいるのは、世界各国の観測基地で暮らす人たちに限られます。その数は、南極の冬には約1100人、夏には約4400人です（※）。これに加えて、周囲の海の船の上で研究をする科学者などが1000人ほどいます。

※World Population Review /Antarctica Population 2024 による

夏には100人以上が暮らす昭和基地
写真：朝日新聞社

南極では息が白くならない

南極では……

水蒸気
ちり
水の粒

水蒸気

　日本では、寒い日にははく息が白くなりますが、南極ではふつう、白くなりません。不思議に思えますが、それは、空気中にちりがほとんどないからです。日本で息が白くなるのは、口からはいた水蒸気が空気中のちりにくっついて、小さな水の粒ができるからです。南極には、人が暮らす町も村もないので、自動車の排ガスも、植物が飛ばす花粉もありません。そのため、空気中にほとんどちりがなく、水蒸気が水の粒になれないのです。

氷の下に巨大な湖がある

　南極大陸のロシアのボストーク基地近くの氷床の下には、巨大な淡水湖（ボストーク湖）があります。長さ240km、幅50km、深さは最大で1000mに達すると見られています。氷床はとても冷たいので、湖の水が凍らないのは不思議ですが、氷床の重さによる圧力が高く、水が凍る温度が下がるためと考えられています。このほかに、地熱が水をあたためているのではないかという説

昭和基地
南極点・　ボストーク湖

もあります。氷床の下の湖は、ボストーク湖以外にもたくさん見つかっています。これらの湖にどんな生物がいるのか、各国の研究者が明らかにしようとしています。

昭和基地のあるリュツォ・ホルム湾に張る氷は、温暖化とは関係なく20年ごとに増えたり減ったりしているというし、

昭和基地 — オングル島

リュツォ・ホルム湾

南極の氷壁が崩壊していく現象を、温暖化と結び付けて説明する人もいるけど、

グシャグシャ

崩壊するのはふつうにあることだから、温暖化の影響がどこまであるのかは、長い間観測しないと結論は出ないんだ。

うん　うん…

だから、継続的に南極で観測をするって大切なんだね……。

って、今は私たちの周りで起きている現象をなんとかしないと！

もう夜だから休む場所を探そう。

とーう

まずい！いつの間にか氷が小さくなってる！

わたた

あそこは？

わ〜だいじょうぶ大丈夫？

プカ　プカ

遭難6日目

ブルッ

寒っ。

キュリ、大丈夫？

う〜ん

う、うん。

昨日からほとんど
何も食ってないし、
テントもない……。

これでブリザードでも来たら
オレたちー巻の終わりだぜ。

昨晩はなんとかしのげたけど、
このままじゃ体から体温が
奪われていくいっぽうだ。

昨日、不時着したコリナイ3世号から一瞬だけ出てた救難信号を受信してね。

コリナイさん、不時着のときにあばらを折る大けがをしたのに、

ひょっとしたらきみたちかもと思って捜しにきたんだよ。

どうしてもきみたちを助けに行くって聞かなかったんだよ……。

ありがとう！コリナイさん！

きみたちが無事で本当によかっ……。

え!?

コリナイさ～ん！

次は北極行こー！

本当にコリナイだ…

『南極のサバイバル』おしまい。

監修	国立極地研究所
マンガ制作協力	スリーペンズ
マンガカラーリング	佐藤大輔（三晃印刷）、スリーペンズ
コラム執筆協力	上浪春海
コラムイラスト	伊藤豊、チョッちゃん
校閲	浅田夏海、山田欽一、野口高峰（朝日新聞総合サービス 出版校閲部）
編集	大宮耕一（生活・文化編集部）
編集デスク	野村美絵（生活・文化編集部）
企画	上田真美（DXIP 推進部）
制作協力	池田聡史（VELDUP CO.,LTD.）

おもな参考文献　『南極から地球環境を考える１〜３』国立極地研究所／監修（丸善出版）『南極観測隊のしごと　観測隊員の選考から暮らしまで』国立極地研究所南極観測センター／編（成山堂書店）『改訂増補　南極読本　ペンギン、海氷、オーロラ、隕石、南極観測のすべてが分かる』南極OB会 編集委員会／編（成山堂書店）『みんなが知りたい南極・北極の疑問50』神沼克伊／著（サイエンス・アイ新書）「南極観測」（国立極地研究所パンフレット）「極を究める。」（国立極地研究所パンフレット）　国立極地研究所ウェブサイト

南極のサバイバル

2024年10月30日　第１刷発行

著　者　原案　洪在徹／絵　もとじろう
発行者　片桐圭子
発行所　朝日新聞出版
　　　　〒104-8011
　　　　東京都中央区築地 5-3-2
　　　　編集　生活・文化編集部
　　　　電話　03-5541-8833（編集）
　　　　　　　03-5540-7793（販売）

印刷所　株式会社リーブルテック
ISBN978-4-02-332328-5
定価はカバーに表示してあります

落丁・乱丁の場合は弊社業務部（03-5540-7800）へご連絡ください。送料弊社負担にてお取り替えいたします。

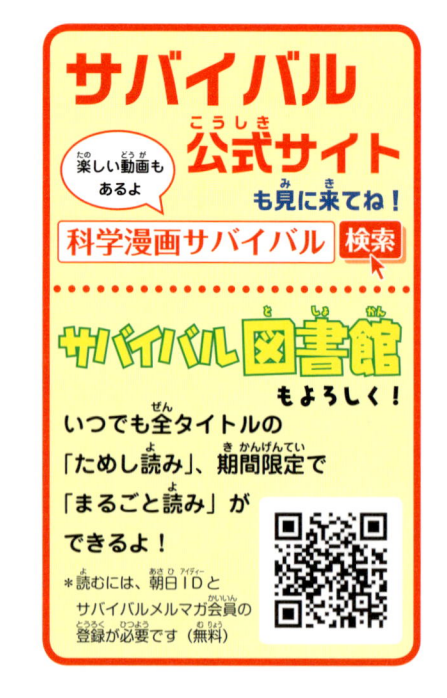

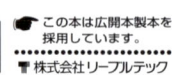